最新客厅

风格佳作

FENG GE JIA ZUO

《最新客厅风格佳作》编写组/编

清新

化学工业出版社

·北京·

参加编写人员

许海峰　何义玲　何志荣　廖四清　刘　琳　刘秋实
刘　燕　吕冬英　吕荣娇　吕　源　史樊兵　史樊英
郇春园　张　淼　张海龙　张金平　张　明　张莹莹
王凤波　高　巍　葛晓迎　郭菁菁　郭　胜　姚娇平

图书在版编目(CIP)数据

最新客厅风格佳作．清新 / 《最新客厅风格佳作》编写组编．
—北京：化学工业出版社，2015.5
ISBN 978-7-122-23083-6

Ⅰ．①最…　Ⅱ．①最…　Ⅲ．①客厅-室内装饰设计-图集
Ⅳ．①TU241-64

中国版本图书馆CIP数据核字(2015)第035454号

责任编辑：王　斌　邹　宁　　装帧设计：锐扬图书

出版发行：化学工业出版社(北京市东城区青年湖南街13号　邮政编码100011)
印　　装：北京画中画印刷有限公司
889mm×1194mm　1/16　印张 9　2015年 5 月北京第 1 版第 1 次印刷

购书咨询：010-64518888（传真：010-64519686）　售后服务：010-64518899
网　　址：http://www.cip.com.cn
凡购买本书，如有缺损质量问题，本社销售中心负责调换。

定　价：49.00元　

Contents
目录

小客厅

中客厅

大客厅

图解家装风格珍藏集

现代
定价：39.80元

中式
定价：39.80元

欧式
定价：39.80元

混搭
定价：39.80元

美家空间

HOME IDEA

= 珍藏版 =

分享最新鲜的家装资讯

最新大户型背景墙

定价：49.00元

新中式家装演绎

客厅 餐厅 玄关走廊
定价：49.00元

背景墙 顶棚
定价：49.00元

最新客厅风格佳作

清新
定价：49.00元

典雅
定价：49.00元

时尚
定价：49.00元

优选家装设计典范

背景墙
定价：39.80元

客厅
定价：39.80元

餐厅、玄关走廊
定价：39.80元

卧室、书房、休闲区
定价：39.80元

隔断、顶棚
定价：39.80元

设计Tips

清新型电视墙也要实用

请新型电视墙也不能忽视使用功能。想要打造清新又实用的电视墙要属墙面装饰柜再合适不过了。这是当下最为流行的装饰手法，具有强大的收纳功能，可以敞开，也可以封闭，但是整个装饰柜的体积不宜太大。或是设计一个典型的封闭式装饰柜，基调不繁琐，可以内置很多物品，中间额外打出两块木板，既实用又美观，可以拆成散块，方便搬运和安装。也可采用亮光漆饰面的材料，透亮的材质和良好的做工非常适合大户型，如果能够配上整套亮光漆的家具，则会更加协调。

设计Tips

如何为清新客厅增添质感

在造型艺术中，对不同物象，用不同技巧表现出不同的真实感，称为质感。不同的质感给人以软硬、虚实、滑涩、韧脆、透明与浑浊等多种感觉。即使是相同类型的材料，其质感也常常不同。比如，榉木与柚木给人的感觉就不一样。

无论是采用纹理粗糙的文化石镶嵌，还是用竹帘、瓷砖等装饰电视背景墙，其最终效果都是为了让空间更有质感，增添层次。质感的表现非常简单，现在有很多家庭在墙面上直接铺贴瓷砖取代电视背景墙，既省空间又省钱。

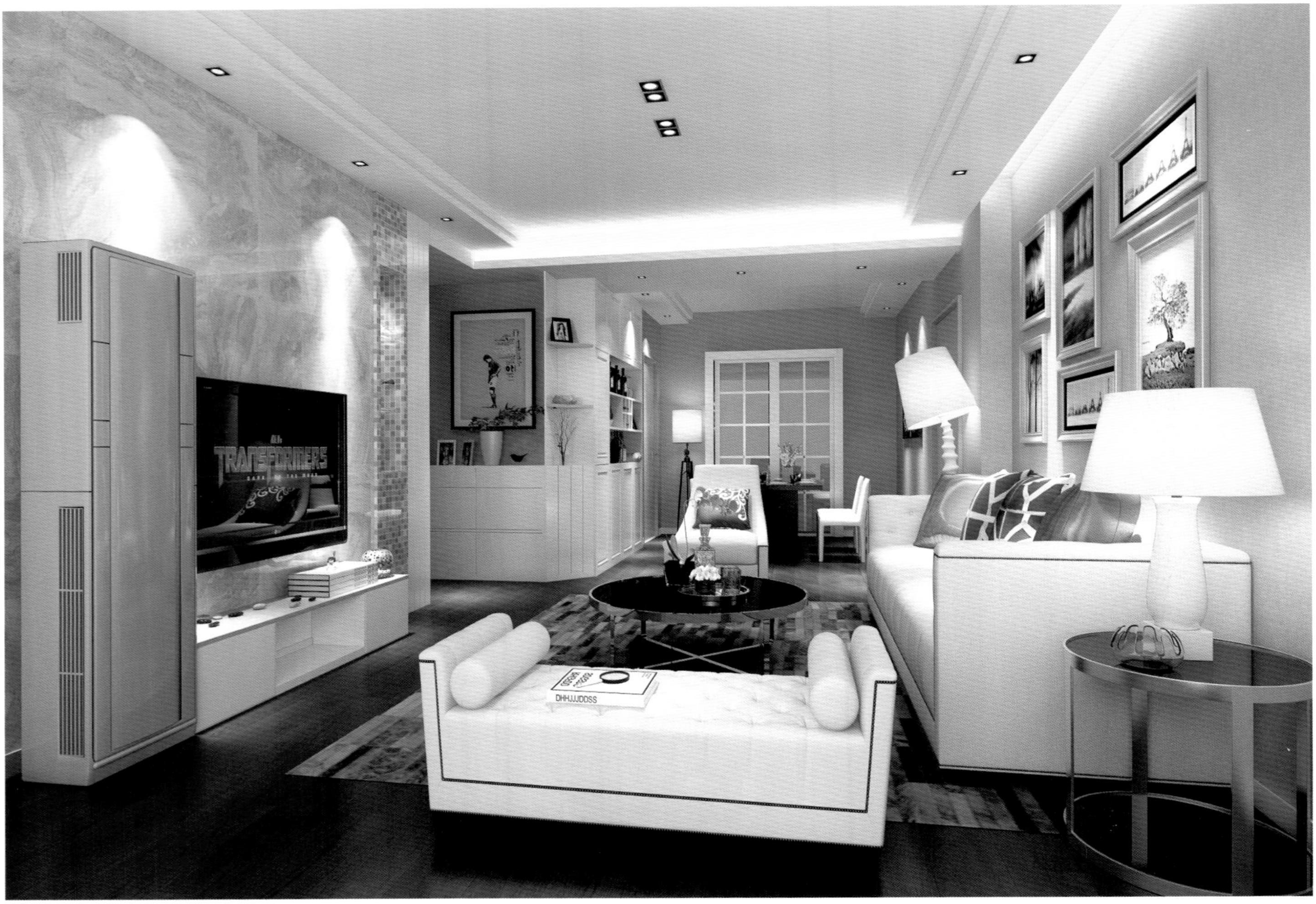
TRANSFORMERS
DHHJJDDSS

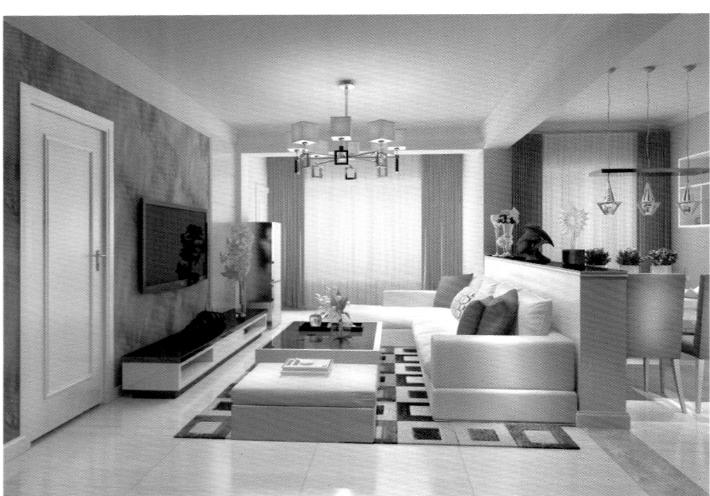

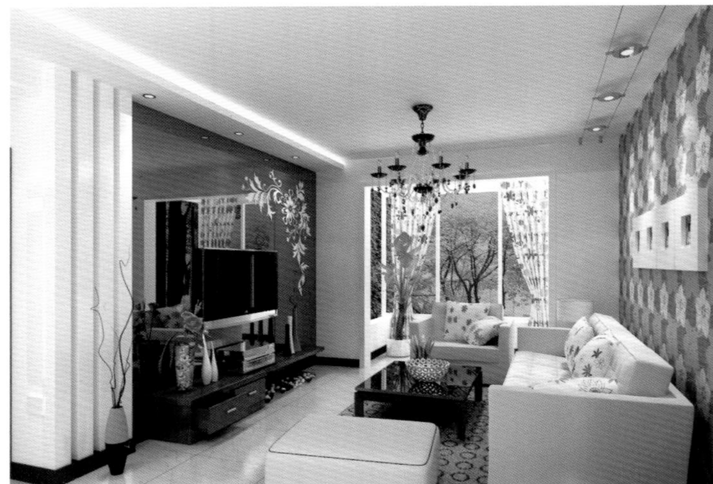

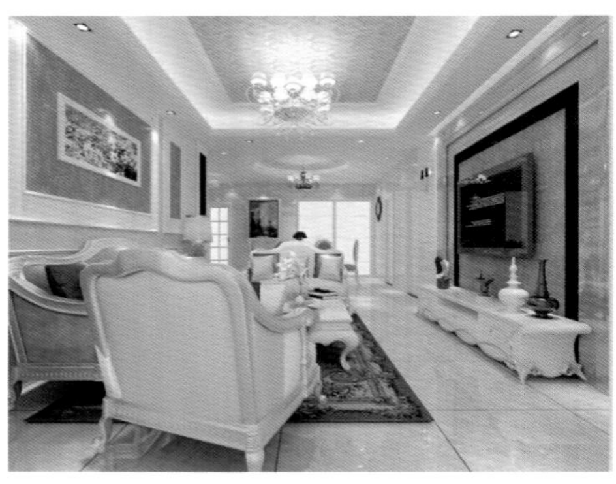

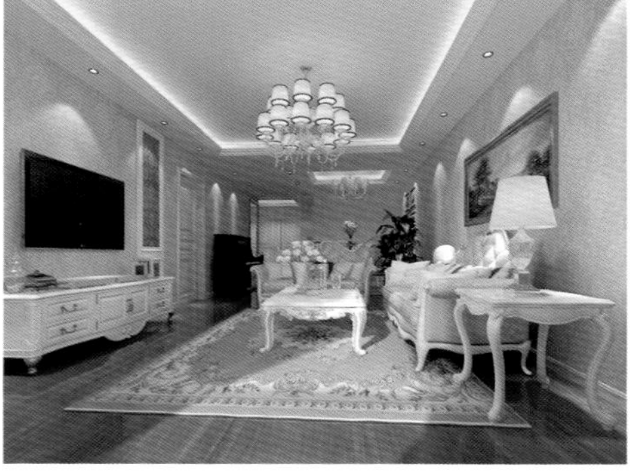

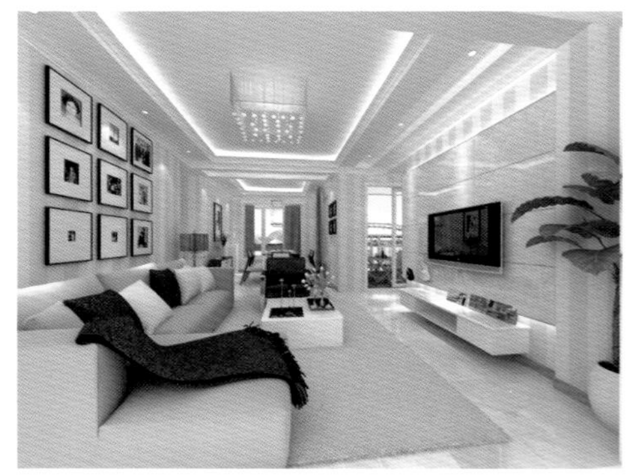

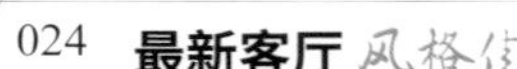

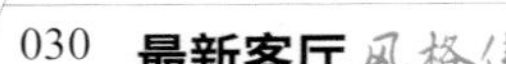

施工Tips

吊顶的布线方法及注意事项

吊顶的布线有两种方法。一种方法是先在分线盒里分线，再甩下来两根线，直接接到筒灯上。这种方法的优点是两根线跟灯头连接容易；缺点是如果接头没接好，维修比较困难。另一种方法是两根线从分线盒下来，再上去两根线。这种方法的优点是接头在灯头位置，维修容易；缺点是一个灯头四根线，接起来麻烦，浪费的线多。

天花板的装修，除选材外，主要是关注造型和尺寸比例的问题，前者应按照具体情况具体处理，而后者则须以人体工程学、美学为依据进行计算。从高度上来说，家庭装修的内净高度不应少于2.6米，否则，尽量不做造型天花，而选用石膏线条框设计。装修若用轻钢龙骨石膏板天花或夹板天花，在其饰面涂装时，应先用石膏粉封好接缝，然后用厚胶带纸封密后再打底层、涂装。

TRANSFORMERS

施工Tips

客厅灯具的安装要求

灯具安装最基本的要求是必须牢固。室内安装壁灯、床头灯、台灯、落地灯、镜前灯等灯具时，高度低于2.4米及以下的，灯具的金属外壳均应接地可靠，以保证使用安全。灯具不得直接安装在可燃物件上，当灯具表面高温部位接近可燃物时，应采取隔热、散热措施。卫生间及厨房装矮脚灯头时，宜采用瓷螺口矮脚灯头，螺口灯头的接线、相线(开关线)应接在中心触点端子上，零线接在螺纹端子上。台灯等带开关的灯头，为了安全，开关手柄不应有裸露的金属部分。对装有白炽灯泡的吸顶灯具，灯泡不应紧贴灯罩，当灯泡与绝缘台之间的距离小于5毫米时，灯泡与绝缘台之间应采取隔热措施。

中客厅

设计Tips

清新型客厅家居风格的主基调

视听区在客厅布局是重要的视觉焦点，从它的装饰上就可以看出主人的涵养与气度。由于视听区的范围较大，又与其他功能的空间互相联系，摆设在其中的家具有很多，所以视听区对整个居室的影响都不可小视。不论是为了美化家居，或是为了使用便利，视听区的装修布置都必须仔细考量。在白色的视听空间中，淡淡的绿色与黄色是渲染气氛的重要手段。简洁的家居中，视听区也应本着这个原则进行装饰。木色也是清新风格的重要标志之一，木色的视听区结合碎花装饰，能将清新温暖的设计风格体现无余。

STRONG WORLD

设计Tips

客厅沙发墙的设计

沙发墙是指沙发背后的墙面。沙发墙的设计一般比电视墙简单，与电视墙相互呼应。沙发墙在设计时应注意以下几点。

第一，整体性。沙发墙的设计和客厅整体的设计风格一致。沙发墙和电视墙一般处于相对的位置，所以它和电视墙的整体性尤为重要。

第二，呼应性。沙发墙的造型、色调和材料都应与电视墙具有一定的呼应关系。多数沙发墙都是在材料和色调上考虑呼应关系，简单的留白加几幅合适的挂画，也能起到很好的呼应作用。

第三，环保性。环保性已经受到越来越多的重视。沙发墙由于和人的距离近，因此其选材更应环保，以保证主人和访客的身体健康。

设计Tips

客厅空间的色彩设计

客厅的吊顶颜色宜轻不宜重，天花板应尽量使用最浅的颜色，而地板的颜色应比天花板深。客厅采光的方向与颜色的搭配同样有一些讲究，如果客厅窗口向东，东面的阳光是早上清新自然的阳光，比较有生机活力，颜色就最好用黄色或者米黄色等稳定色来布置。如果客厅的窗口向南，南边进来的阳光是比较充足的，热气过多会给家人带来比较烦躁的感觉，颜色宜以冷色、白色为主色调。如客厅朝西，建议用绿色调为主色，与所接触到的昏暗光线正好形成反差，起到平衡作用。如客厅的窗户向北，由于来自北向的气流比较寒冷，建议客厅可以红色为主色。因为红色会给人一种比较温暖、热情的感觉，与光线正好起到一个比较好的平衡作用，这就是中国传统住宅文化上的阴阳互补。

选材Tips

密度板的 DIY 雕刻

密度板也称纤维板，按其密度不同，分为高密度板、中密度板、低密度板。中密度板材质细腻，适合雕刻。如果背景的宽度在80厘米以内，可以用电脑雕刻，一般价格在每平方米200多元，由于雕刻机的规格限制，超过这个宽度就要拼接了。这样个性化的背景，建议自己动手去做，具体方法是：首先以1∶1的比例将剪影图案放样到纸上；其次将图案拷贝到一张石膏板上（石膏板厚薄根据自己需要的浮雕深度来选择）；然后沿着拷贝轮廓线，锯裁石膏板；电视背景墙做石膏板基层，将裁下的图块黏结在基层上，用螺丝固定。再用腻子批锈眼、批拼缝；最后用砂纸打磨，刷涂料漆。

选材Tips

客厅电视柜选购的注意事项与保养

选择电视柜时必须考虑到所要摆放的电器（如电视机、DVD机等)的宽度、高度以及深度，以免事后因尺寸不合而带来麻烦；必须考虑到要预留CD、DVD等物品的空间，以免在日后的使用过程中出现不便；注意选择电视柜的材料，要充分考虑到电视柜的散热问题；检查电视柜在线路安置方面是否方便可行。

一般人在看电视时，其视线的高度应该在其坐下时的视平线下，因此，在选择电视柜时，摆放电视的高度设计也以30～40厘米为最佳。电视柜的内部或背面容易产生死角，积聚灰尘，因此，平时要勤于清理，用干净的抹布擦拭。用橄榄油加水稀释，再用布蘸擦，可以使木质的橱柜光滑油亮；开关门板或抽屉的动作不可过大，尤其是玻璃材质的电视柜，若使用不当，会造成意想不到的伤害。

施工Tips

沙发墙软包施工的注意事项

切割填塞料泡沫塑料时，为避免泡沫塑料边缘出现锯齿形，可用较大铲刀及锋利刀沿泡沫塑料边缘切下，以保整齐。在黏结填塞料泡沫塑料时，避免用含腐蚀成分的黏结剂，以免腐蚀泡沫塑料，造成泡沫塑料厚度减少，底部发硬，以至于软包不饱满。面料裁割及黏结时，应注意花纹走向，避免花纹错乱影响美观。软包制作好后用黏结剂或直钉将软包固定在墙面上，水平度和垂直度要达到规范要求，阴阳角应进行对角。

设计Tips

客厅的家具布置

客厅的家具应根据活动性和功能性来布置，其中最基本的设计包括茶几、一组休息和谈话使用的座位以及相应的影音设备，其他家具和设备就可以根据起空间的大小、复杂程度来布置。客厅家具的布置一般以长沙发为主，可以排成一字形、U字性或L字形等。同时还应考虑单座座位和多位座位的结合，以满足不同待客量的需求。客厅中还可以摆放多功能家具，存放多种多样的物品。不管采用什么样的布置方式，整个客厅的家具布置应该简洁大方，突出谈话中心，排除不必要的大件家具。

为了避免对谈话区的干扰，客厅内的交通路线不应穿越谈话区。谈话区应位于室内一角或尽端，以便有足够实墙面布置家具。

中央电视台

设计Tips

客厅使用哪种颜色较健康

五颜六色的生活用品和家具摆设，将会成为一种有益健康的“营养素”，反之则对健康不利。

红色：刺激和兴奋神经系统，增加肾上腺素分泌和增强血液循环；接触红色过多时，会产生焦虑和身心受压的情绪，使人易于疲劳、感到筋疲力尽。

橙色：产生活力，诱发食欲，有助于钙的吸收，利于恢复和保持健康，适用于娱乐室、厨房等处；对寝室、书房则不宜。

绿色：有益消化，促进身体平衡，并能起到镇静作用，对好动或身心受压抑者有益，自然的绿色对晕厥、疲劳与消极情绪均有一定的克服作用。

紫色：对运动神经、淋巴系统和心脏系统有压抑作用，可维持体内钾的平衡，有促进安静及关心他人的感觉。

HISTORIA SZTUKI

设计Tips

装饰点缀清新客厅不显单调

饰品不宜过多，否则会造成空间杂乱，破坏休闲区的开阔感，也会破坏休闲区与客厅的和谐感。如果休闲区靠窗而建，则可以选择高一些的直立烛台，夜晚点上蜡烛欣赏夜色，不失为一种优雅的休闲方式；喜欢水的朋友则可以选择流水盆景或小型喷泉。一只躺椅加上一盆绿植，当然还少不了遮挡烈日的竹帘的配合，悠闲的小天地就这么简单地布置出来了。多功能的空间切忌颜色太重，否则就会显得杂乱不堪和拥挤。另外，如果想把普通家具变成多功能家具，一定不能以牺牲舒适为代价，毕竟舒适才是我们居家追求的终极目标。

PEARL HARBOR

施工Tips

肌理墙面的做法与面漆刷涂时的注意事项

打造一面具有粗犷肌理质感的电视背景墙并不一定要用艺术涂料，用常规涂料就可以取得这样的效果，其中使用防裂涂料更佳。在施工中，当墙面上还是湿腻子的时候，用板子处理毛糙即可，如果需要其他造型，换个齿轮式刮板就可以完成。面漆如使用刷涂，应自上而下，先天花后墙壁，先垂直方向、后水平方向均匀刷涂，最后以垂直方向轻轻梳理刷痕；面漆涂刷不得出现明显刷痕，不得有流淌现象发生；涂刷过程中如需停顿，需将刷子或滚筒及时浸泡在涂料或清水中，涂刷完成后立即用清水洗净所有用具，阴干待用。